Émile Saigey

Les Vulgarisateurs
de la science

Essai

ISBN : 978-1984350350

10 9 8 7 6 5 4 3 2 1

Émile Saigey

Les Vulgarisateurs de la science

Essai

Table de Matières

Les Vulgarisateurs de la science

Il y a de jour en jour, un plus grand nombre de personnes qui désirent être initiées aux progrès des sciences. Les travaux des savants ne restent plus confinés dans un milieu restreint ; l'écho en parvient jusqu'à la foule. Nous voyons par exemple exposé des théories et des applications scientifiques jouer un rôle important dans les nombreuses conférences qui se fondent autour de nous ; mais l'institution de ces conférences est encore trop récente pour que nous puissions apprécier dans quelle mesure elles contribuent à instruire la masse du public. Pendant ces dernières années, c'est par un groupe assez considérable d'écrivains vulgarisateurs que les connaissances scientifiques ont surtout été propagées. Enregistrer périodiquement les faits, les travaux, les découvertes qui peuvent intéresser le monde scientifique, c'est une œuvre utile, mais c'est un labeur difficile. Les vulgarisateurs actuels remplissent-ils d'une façon satisfaisante la fonction qu'ils se sont données ? N'y mettent-ils pas trop de hâte et de légèreté ? Ne jettent-ils pas dans le public, avec quelques idées vraies, beaucoup de notions fausses ? Telles sont les questions que nous nous sommes posées en lisant quelques-uns des annuaires scientifiques qui ont récemment paru. On en publie tous les ans une assez grande quantité. Il serait préférable sans contredit qu'ils fussent moins nombreux et meilleurs. Nous parlerons de plusieurs de ces livres dont les auteurs se sont proposé de retracer le mouvement des sciences pendant l'année 1864. Cet examen nous permettra de signaler, chemin faisant, quelques-uns des défauts que de pareils livres ont à éviter et peut-être de marquer quelques-unes des qualités qu'ils doivent offrir.

M. Figuier s'est acquis une certaine notoriété dans la presse scientifique. Quand il traite un sujet de quelque importance, il sait l'exposer avec clarté, dans une langue facile et suffisamment précise. C'est du moins une qualité que présentent quelques-uns des feuilletons qu'il publie dans les journaux quotidiens. Elle est moins sensible dans son annuaire, beaucoup trop vite composé, et qui est un amas de petits faits présentés sans méthode et sans soin. M. Figuier d'ailleurs, et il a cela de commun avec beaucoup de ses concurrents, ne s'est pas mis en frais pour faire son livre ; ce sont ses feuilletons mêmes, gâtés plutôt qu'améliorés, qu'il a découpés en en classant les lambeaux sous des rubriques diverses, astronomie, météorologie, physique, mécanique, chimie, histoire naturelle, hygiène publique, médecine, agriculture, statistique, arts industriels, etc. Il y a joint un grand nombre d'emprunts faits très crûment aux comptes-rendus de l'Académie des sciences. Aucune liaison entre ces matériaux confus.

Si du moins les faits entassés dans les pages de l'*Année scientifique et industrielle* étaient tous exacts et présentés dans leur vrai jour, on aurait une sorte de *compendium* utile à consulter, mais cet annuaire n'est point un guide sûr. Hâtons-nous d'ajouter qu'un pareil guide n'est pas facile à trouver. Les théories scientifiques sont encore bien incohérentes, et au milieu du désarroi général il n'est pas aisé de discerner ce qui est vrai et ce qui est véritablement important. Les comptes-rendus de l'Académie, qui sont comme le *Moniteur* de la science, présentent à ce sujet un spectacle singulier que reflètent le livre de M. Figuier et les livres analogues. Une grande quantité de mémoires et de communications de toute sorte sont adressés à l'Académie des sciences et viennent s'entasser sur le bureau des secrétaires perpétuels. Ceux-ci en font ou sont censés en faire un dépouillement tout à fait sommaire en vue d'éliminer ce qui serait grossièrement erroné ; le reste est livré pêle-mêle à la publicité. Travaux sérieux ou futiles, mémoires inutiles ou importuns vont se confondre dans les comptes-rendus. Par ce temps de produc-tion hâtive, il y a des gens qui accablent l'Académie de commu-nications puériles et qui arrivent à se faire connaître du public à force de faire citer leur nom. Les assertions les plus légères, les plus hasardées se produisent effrontément et prennent place à côté de l'exposé des recherches les plus consciencieuses. En présence de ce mélange bizarre, que fait le publiciste, le rédacteur d'un annuaire ? Il recherche les faits les plus piquants ou les plus nets, ceux qui se prêtent le mieux à une exposition lucide et agréable, les théories les plus propres à éveiller l'attention du lecteur. Tout paradoxe est sûr d'être recueilli et colporté. Les annuaires fourmillent donc d'indi-cations fausses. Il y a plus : tel fait qui est vrai par lui-même, qui a été contrôlé par des savants dignes de foi, qui présente toutes ga-ranties d'authenticité, devient faux parce qu'on lui donne une im-portance exagérée ; c'était un incident, une exception, on l'érige en principe. Ainsi naissent tant de théories trompeuses dont la presse scientifique leurre le public.

On ne saurait trop le répéter aux vulgarisateurs, l'essentiel n'est pas de raconter des faits, même jolis et intéressants, mais d'apprécier et de choisir les matériaux qu'ils offrent au public. Qu'ils soient sobres d'hypothèses. Il semble que depuis quelque temps il y ait réaction contre cette sage méthode qu'on nous a prêchée depuis cinquante ans, et qui consiste à accumuler des observations soigneusement vérifiées, sans essayer des synthèses prématurées. L'impatience gagne beaucoup de gens. Sur un détail minime, ils veulent construire de vastes ensembles. Tel, avec une expérience de spectroscopie, fait la théorie complète du soleil. Tel autre, en comparant les cheveux de quelques Arabes et de quelques nègres, refait la géologie. Des vérités intéressantes deviennent presque des erreurs, parce qu'on on tire des conséquences forcées. Le vulgarisateur doit se défendre contre cette tendance et faire œuvre de saine critique.

Le livre de M. Figuier peut nous donner un autre enseignement. À quelle classe de lecteurs s'adresse cet *annuaire* ? Est-ce à ceux qui, à peu près étrangers aux sciences, veulent acquérir sur quelques points principaux quelques idées sommaires ? Est-ce au contraire aux gens spéciaux qui connaissent assez exactement une ou plusieurs parties de la science ? M. Figuier prétend sans doute écrire pour les uns et pour les autres. C'est pour les premiers qu'il essaie de prendre de temps en temps un ton enjoué ; mais ses grâces paraissent un peu lourdes, ses plaisanteries, qui ne sont que dans les mots et qui jurent avec le fond des choses, manquent ordinairement leur effet. C'est aux autres que s'adresse cette quantité de faits, réunis de toutes mains et confusément juxtaposés dans des pages compactes ; mais, nous l'avons dit, tous ces renseignements n'offrent point assez de garanties d'exactitude. Ainsi l'auteur ne réussit pas à être assez agréable pour le gros public, ni assez vrai pour les gens instruits. Aussi bien n'est-ce pas chose aisée que de faire un recueil qui satisfasse à ces deux conditions. Sans doute nous connaissons des livres qui peuvent à la fois ravir les simples et instruire les savants ; mais ils sont rares. Les rédacteurs d'annuaires feraient peut-être sagement de ne se proposer que l'une de ces deux fins, ou du moins d'incliner résolument de l'un ou de l'autre côté. Ceux qui désirent cependant que leur livre puisse intéresser tous les lecteurs arriveraient peut-être à ce résultat, s'ils divisaient le volume en deux parties. La première contiendrait les généralités, les vues d'ensemble, les idées, les faits principaux sans détails arides ; nous ne tiendrions pas d'ailleurs à y rencontrer ce ton badin que prennent beaucoup de vulgarisateurs sous prétexte d'enduire de miel, pour les lèvres de la foule, les bords du calice amer ; un ton ferme, une exposition lucide nous suffiraient. La seconde partie contiendrait sous forme de tableaux, de notes, de mémoires spéciaux, de pièces justificatives, le détail soigneusement contrôlé des travaux de l'année qui paraissent pouvoir être portés à l'actif des connaissances humaines. Chacun trouverait ainsi dans l'une ou l'autre partie du livre ce qu'il désire plus particulièrement rencontrer.

C'est aux personnes qui veulent avoir des progrès de la science une notion tout à fait superficielle que s'adresse le livre de M. de Parville. Ses *Causeries scientifiques* sont légères, bien légères, assez vives d'ailleurs et d'une lecture facile. M. de Parville ne se donne pas des airs de savant. Il cherche à tous les points de l'horizon ce qui paraît de nature à provoquer l'attention du lecteur blasé, il se contente d'annoncer les faits principaux ou de recueillir les détails piquants. Ce modeste rôle lui suffit. Il reste en quelque sorte en dehors des questions et les envisage par leurs côtés extérieurs. Il décrira l'empressement du public à l'ouverture des conférences de la Sorbonne et le succès éclatant de M. Jamin dans cette première leçon où il traita des trois états de la matière, comment, au milieu de cette salle immense, la table du professeur est chargée ou entourée d'instruments de physique d'un aspect imposant, bobines énormes d'induction, grosses machines pneumatiques, marmite de Papin, appareil Carré pour faire le froid, appareil de Thilorier monté sur des roues et semblable à une pièce d'artillerie, appareil de Bianchi pour la liquéfaction du protoxyde d'azote ; comment le professeur, debout au milieu d'un grand nombre d'aides et de préparateurs, dont plusieurs ont un nom dans la science, commande à cette légion d'opérateurs et à cet attirail d'instruments, faisant surgir un soleil électrique, éteignant ou rallumant d'un geste tous les becs de gaz de la salle, métamorphosant d'un mot la matière, produisant les froids les plus intenses et les plus hautes températures, congelant du mercure au fond d'un creuset de platine chauffé à blanc, volatilisant les métaux par le courant électrique. L'aspect de la salle, la physionomie même de la leçon sont vivement esquissés par M. de Parville. Ailleurs il décrira le mascaret dans les eaux de la Seine, Caudebec envahi par une armée de touristes, toutes les lorgnettes braquées sur Villequier, comment le flot, après avoir franchi le coude du fleuve, s'avance majestueusement sur une seule ligne, se gonflant jusqu'à Caudebec, puis tout à coup secoue la Seine, jusque-là tranquille, et la soulève furieusement hors de son lit au milieu de torrents d'écume. M. de Parville ne manque pas d'enregistrer l'arrivée de deux *cucujos* par un des paquebots du Mexique : ce sont de petits coléoptères qui répandent une lumière très vive et dont les dames mexicaines, dit-on, font des objets de toilette en les attachant vivants sur leurs jupes ou dans leurs cheveux ; on pense si elles prennent soin de ces bijoux animés, qu'il faut baigner deux fois par jour et nourrir de fragments de canne à sucre.

Toute cette petite chronique est faite agréablement par M. de Parville. On pourrait dire, sans lui en faire ni un blâme ni un éloge, que son livre paraît surtout écrit pour les dames. Il répond à ce mouvement de plus en plus marqué qui porte le monde parisien à s'occuper de physique amusante et d'expériences de salon. M. de Parville a d'ailleurs, plus peut-être que ses concurrents, ce défaut commun aux vulgarisateurs, et qui consiste à accueillir comme vraie toute hypothèse qu'on peut facilement exprimer en langage ordinaire. Son livre est plein d'assertions tranchantes sur les questions les plus controversées. Il ne connaît pas le doute, et les difficultés disparaissent sous sa plume comme par enchantement. Qui ne croirait, par exemple, en lisant ce qu'il dit de la goutte, que cette maladie ne soit près d'être complètement vaincue ? Rien de plus simple en effet que de la combattre. La cause de la goutte est une accumulation d'acide urique dans les articulations. Chassons l'acide urique. Or tous les sels formés par l'acide benzoïque ont la vertu de dissoudre l'acide urique, qu'ils transforment en acide hippurique. Le goutteux n'a donc qu'à choisir parmi les benzoates de soude, de chaux, de magnésie, de potasse, de fer, d'ammoniaque, celui qui convient le mieux à sa constitution. Voilà l'acide urique dissous et éliminé. Il n'y a plus pour compléter la guérison qu'à fortifier l'organisme par une infusion de quinquina, de chamadrys ou de toute autre plante amère. C'est donc une affaire entendue, il ne restera plus de goutteux sur la terre que ceux qui voudront bien l'être. Dans un autre ordre d'idées, M. de Parville vient, après beaucoup d'autres il est vrai, et en s'appuyant de l'autorité d'un ingénieur distingué, apporter son projet pour la fertilisation des landes de Gascogne. Il s'agit de désagréger les collines secondaires des Pyrénées par une chute d'eau empruntée aux sources élevées de la Nesle. La roche diluvienne, broyée par un torrent artificiel, donnera un limon que des canaux pourront répartir sur 1,200,000 hectares de landes ; ces plages stériles formeront en moins de soixante ans la plus riche province de France. Ce n'est pas que les théories que M. de Parville, comme les autres vulgarisateurs, aime ainsi à présenter n'aient souvent pour origine un fait vrai ; mais ce fait originel, simplifié outre mesure, dépouillé de toutes les circonstances qui l'accompagnent dans la réalité, donne des conséquences ou radicalement fausses ou manifestement exagérées.

M. Victor Meunier, au début de son livre *la Science et les Savants en 1864*, se rend à lui-même le témoignage que cet ouvrage ne fait double emploi avec aucun de ceux que ses confrères du feuilleton scientifique ont pris l'habitude de publier à la fin de chaque année. C'est qu'en effet M. Meunier se distingue par des qualités et par des défauts qu'on chercherait en vain chez ses concurrents. Et d'abord c'est un écrivain. Que ses idées nous choquent ou nous charment, nous sommes séduits par son style chaud, coloré. Nous nous trouvons en face d'un homme passionné, dont l'enthousiasme, dont la colère s'expriment dans une langue nerveuse. M. Meunier est tour à tour, et souvent même à la fois, un apôtre et un polémiste.

Commençons par l'apôtre. M. Meunier a une foi ardente dans les progrès de la science et dans son action sur l'avenir du monde. Cette foi est d'ailleurs inséparable de ses convictions politiques. On retrouve tout entier dans le vulgarisateur scientifique d'aujourd'hui l'ancien rédacteur de *la Démocratie pacifique*. On ne peut se défendre d'un certain étonnement quand on relit, dans leur forme ancienne, ces dithyrambes sur l'avènement du peuple par la science, sur la constitution d'un nouvel ordre social, et il semble que ce que M. Meunier vient d'écrire soit écrit depuis trente ans. Ce n'est pas que ses conceptions ne soient vraies dans une certaine mesure, ce n'est pas que ses tendances ne soient celles où nous marchons tous résolument, savants et ignorants, gouvernants et gouvernés ; mais ce qui caractérise la foi de M. Meunier, ce qui caractérisait celle des écoles socialistes il y a trente ans, c'est une préoccupation exclusive de rapprocher les fins lointaines, c'est un désir excessif de formuler ce qui peut être à peine entrevu. Telle conséquence que l'homme le plus froid admettra volontiers, si elle se présente sans forme trop précise et si elle se rapporte à une époque indéterminée, choquera son bon sens, si on essaie de la dessiner nettement pour un avenir prochain. C'est ce que nous pourrons constater à chaque pas, si nous suivons un instant M. Meunier dans le développement de son utopie.[1]

La science doit transformer le monde matériel. Ce siècle, qui n'a que soixante ans, a créé vingt sciences nouvelles, la géologie, la paléontologie, l'embryogénie, l'anatomie comparée, la chimie organique, la météorologie, la physique du globe, etc. ; il a fait les chemins de fer, les bateaux à vapeur, le télégraphe électrique, la galvanoplastie, le daguerréotype, cent autres découvertes auxquelles le passé n'a rien de comparable. Où donc tout cela doit-il aboutir, sinon à l'âge d'or, qu'une aveugle tradition a mis dans le passé et qui est devant nous ? « Les temps sont proches où il y aura d'autres cieux et une terre nouvelle. » C'est dans un véritable Éden que va entrer le prolétaire, le patricien de l'avenir. Là toutes les puissances de la nature le serviront docilement, la nourriture y sera facile et abondante. « Une pièce de terre qui rapportait 17 hectolitres d'orge, ayant été soumise à l'action de l'électricité atmosphérique, a produit 37 hectolitres, plus du double ! » Inquiétez-vous après cela des moyens de nourrir la population ! A l'aide des réactifs de la chimie, on convertit les bois les plus vulgaires en bois de luxe. En Éden, « l'acajou, le palissandre, le citronnier, le sandal, le bois de rose, sont les moins précieuses des essences employées à la confection des meubles et des boiseries, » Ebelmen a fabriqué des pierres précieuses dans son laboratoire, Despretz a fait du diamant, d'ailleurs l'essence de térébenthine est composée de diamants infiniment petits ; donc en Éden les diamants, les pierres flamboyantes abonderont, et ces objets « ne tireront plus leur valeur de leur rareté, mais simplement de leur magnificence. »

1 Les principaux traits de cette utopie se retrouvent dans *la Science et les Savants en 1864* ; mais, pour en connaître les détails, on peut voir un livre de M. Victor Meunier, publié en 1857, *l'Apostolat scientifique*.

Devenu véritablement roi de la création, l'homme modifie le sol, corrige les climats, crée des animaux pour son usage. « On a vu que chaque être reproduit transitoirement dans le cours de son développement fœtal les caractères d'êtres qui lui sont inférieurs. Ainsi il y a un moment où le cerveau du mammifère ressemble à celui du poisson, comme si le poisson s'était arrêté sur le chemin qui mène au mammifère... Chez certains êtres, une reproduction en sens inverse s'opère. Ainsi tel genre placé au plus bas degré d'une famille, avant de revêtir ses caractères propres, présente successivement ceux de tous les genres de la même famille qui lui sont supérieurs. » Rien de plus facile, à l'aide de ces observations, que de créer des races d'animaux, des *castes zoologiques* propres à accomplir les différents travaux qu'on voudra leur assigner. « C'est ainsi que la science s'en va multipliant, et améliorant de telle sorte les produits du sol et ceux de l'industrie, qu'il devient clair comme le jour que les besoins naturels et artificiels de tous les hommes peuvent recevoir leur pleine et légitime satisfaction. » Les hommes ne sont pauvres que parce qu'ils sont ignorants.

Mais ce rôle matériel n'est qu'une des fonctions secondaires de la science. En créant la doctrine universelle de ce qui est, elle est en train d'instituer une religion, une religion dont l'homme aura été le révélateur, elle est en train surtout de faire une société conforme à la nature de l'homme, « qui sera pour lui non un tombeau ou un bagne, mais un milieu bienfaisant, sain à la fois pour le corps, pour l'âme et pour l'esprit, où tous les devoirs et tous les droits, ceux de l'individu et ceux de la collectivité, seront remplis et garantis. » La science règle la morale et la politique comme la religion. « Elle est l'église et l'état. » Toutes les actions des individus et des nations se réduisent à des opérations scientifiques. « La science gouvernera la société, mais à sa manière : en se bornant à faire éclater le vrai. Ses arrêts ne sont pas ceux du nombre et de la force, ce sont des preuves. » La science prend donc possession du gouvernement, elle organise les rapports des hommes, elle règle la production, elle dirige l'instruction. « Il faut se représenter ainsi le gouvernement de l'avenir : flambeau des esprits, directrice des bras, la science tient à la fois la place de l'église et de l'état. Non pas qu'elle forme une caste ou une classe, un corps extérieur et supérieur à la nation. Non. Où réside-t-elle donc, cette double souveraine ? Qu'on nous montre son palais et ses gardes ! Elle réside dans les esprits ; sa force est dans les habitudes qu'elle leur a inculquées. » Maîtresse de l'enseignement, elle a formé une génération qui sait apprécier la force des preuves, des hommes chez qui l'accord sur le vrai est toujours unanime. On ne vote plus, car l'habitude de voter ne témoigne que de l'incertitude où nous sommes à l'égard du vrai et du faible empire que la vérité exerce sur nous. La nouvelle société constituée par la science apparaît comme une agglomération d'innombrables sociétés particulières correspondant à toutes les divisions du travail. À sa tête est un conseil, « assemblée politique et concile, » qui enregistre les lois théoriques et pratiques, à la découverte desquelles tout le monde a concouru, et qui érige en préceptes, en maximes, les conséquences logiques de ces lois. À des époques déterminées, une assemblée se réunit pour donner, aux propositions du corps scientifique la confirmation du consentement populaire ; cette assemblée se retire ensuite, « laissant au conseil exécutif le soin de conduire à bonne fin les entreprises logiquement déduites des lois faites par Dieu, découvertes par l'esprit humain, reconnues par tous. »

En voyant ce que la science doit faire pour l'homme, M. Meunier se préoccupe de ce que l'homme doit faire pour la science. Le vulgarisateur, tel qu'il le comprend, doit être un apôtre, un tribun. Autrefois on s'attachait à exposer en langue commune ce qui pouvait être mis à la portée de tous ; mais aujourd'hui il s'agit de « raconter dans la langue de tout le monde les efforts de la science pour arriver à la constitution d'un ordre social nouveau, c'est-à-dire d'un nouvel organisme matériel et d'une doctrine nouvelle. » Il faut montrer les choses scientifiques « par leur résultat dernier, » de chaque objet dire en quoi il concourt au but, de combien il nous en rapproche. Ce n'est pas tout : il faut organiser ce mouvement scientifique. Sans doute, livré à lui-même, ce mouvement se continue sans relâche. Tout travail trouve son ouvrier, « et quand sur une moitié du globe les chercheurs se livrent au repos, les chercheurs sur l'autre moitié se mettent à la besogne ; les deux hémisphères se relèvent tour à tour comme des sentinelles. Le mouvement de la science, insensible comme celui de la planète, est ininterrompu comme le sien. » Ainsi, sans se ralentir, les savants accumulent les matériaux de la régénération sociale, pendant qu'à côté d'eux les hommes d'état s'agitent sur des questions vides et « tournent une meule sous laquelle il n'y a pas de grain ; » mais ce travail est bien lent. Pour réunir les efforts des travailleurs isolés et les multiplier l'un par l'autre, il faut quelque association puissante, quelque corps déjà organisé qui puisse mettre son autorité au service de la grande œuvre. M. Meunier cherche autour de lui et jette les yeux sur l'Académie des sciences. Quel beau rôle elle pourrait prendre ! « Ce siècle se donnerait à elle ; tous les regards, toutes les espérances se tourneraient de son côté ; le retentissement de sa parole serait tel qu'on n'entendrait pas d'autre bruit. La société lui devrait de se connaître et d'avoir conscience de son propre travail. » Ici l'on ne sait si l'on doit sourire ou frémir en songeant à l'utopie sociale dont M. Meunier veut confier l'exécution à une classe de l'Institut. Bientôt d'ailleurs il se détourne avec colère du palais Mazarin : il a vu des académiciens endormis, dénués de toute initiative et de toute vocation sociale ; il a vu les séances incolores de cette assemblée officielle, dont tout le travail se réduit à celui des secrétaires perpétuels lisant au milieu de l'inattention générale une correspondance dépourvue de tout intérêt. C'est donc à une réunion privée qu'il remettra le soin de diriger le mouvement rénovateur, et il formera l'*association pour la constitution des sciences*. Cette association se recrutera largement parmi tous ceux qui travaillent, soit de la pensée, soit des bras. Ses cadres ne seront remplis que lorsqu'elle aura réuni tous ceux qui vivent dans les laboratoires et dans les ateliers. M. Meunier en trace le plan : sociétés spéciales réparties sur tout le territoire, sociétés générales ou académies dans les principaux centres de population, congrès électif se réunissant annuellement à Paris, administration centrale ou *ministère des sciences*, ayant son siège dans la capitale et dirigée par un chef que nomme le congrès. L'*association* publie un *Moniteur universel quotidien* ; elle a en outre un recueil mensuel pour chaque espèce de travaux, et par conséquent autant de recueils différents qu'elle établit de spécialités.

Tels sont, dans leurs lignes principales, les projets et les vues qui font l'objet de l'apostolat de M. Meunier. Nous ne pouvons d'ailleurs donner aucune idée de l'accent de conviction qui anime l'auteur, ni de la vigueur qu'atteint parfois son langage. Si nous avons exposé avec quelques développements ces rêveries scientifiques, c'est qu'on y saisit à chaque instant sur le vif ce procédé qui consiste à grossir démesurément un détail pour en tirer des conséquences fantastiques. Les thèses que M. Meunier soutient commencent souvent par être vraies, puis il les pousse violemment hors de la vérité. Veut-on voir, par exemple, comment une idée pratique diffère d'une conception utopique, on comparera le projet d'association dont nous venons de parler avec celui que M. Le Verrier a réalisé dans le courant de l'année dernière en fondant l'association pour l'avancement de l'astronomie et de la physique du globe. Cette société recrute ses adhérents de toutes parts ; chaque membre, en y entrant, s'engage à amener un nouvel associé ; en vertu de cette clause d'apparence modeste, la France entière, que disons-nous ? le monde entier, doit entrer dans l'association de M. Le Verrier, comme il devait le faire dans celle de M. Meunier. Il n'est pas jusqu'au bulletin international de l'Observatoire qui n'ait un faux air du moniteur social des sciences. Cependant l'association pour l'avancement de l'astronomie et de la physique du globe n'aspire point à fonder un nouvel ordre social ; elle prétend, tout au plus, à constituer une science nouvelle, la météorologie.

Nous en avons fini avec l'utopie de M. Meunier. Aussi bien, dans le domaine des choses réelles, remplit-il une fonction qui ne manque pas d'intérêt. Il s'y charge de redresser les torts. Dans les régions de la science comme dans les autres, il y a des hommes qui souffrent et des hommes qui oppriment ; M. Meunier le dit, et nous le croyons sans peine. Soutenir les uns, attaquer les autres, voilà ce qu'il se propose. C'est là un rôle trop négligé de ses confrères pour qu'il ne soit pas certain de s'y rendre utile, alors même qu'il y mettrait quelque exagération. Il y déploie beaucoup d'entrain ; ses traits dépassent quelquefois le but, mais ils portent souvent. Sa verve gagne le lecteur, et on se sent porté à lui abandonner les gens à qui il distribue des volées de bois vert.

Protéger les inventeurs méconnus est naturellement un de ses premiers soins. On trouve par exemple dans son livre l'histoire d'une machine agricole, d'une piocheuse à vapeur, dont l'auteur est pendant dix ans renvoyé de l'Académie au Conservatoire des Arts et Métiers, du Conservatoire à la maison de l'empereur, et ainsi de suite ; le récit des tribulations de cet inventeur est tout à fait vivant. « J'ai vu une machine. C'était une machine glorieuse entre toutes. Elle devait libérer des millions d'hommes de la partie la plus rude de leur tâche et accroître dans d'énormes proportions la masse des subsistances… Qui chargea-t-on, croyez-vous, d'examiner l'invention ? Un paysan ? Non. Un général d'artillerie… Cependant l'empereur avait approuvé l'idée de la machine. Il ordonna qu'on la construisît à ses frais… Or voici : on mit à la construire autant d'années qu'il eût été raisonnable d'y mettre de mois, après quoi on la jeta dans un champ où elle resta deux ans exposée à l'injure du temps. Quand elle fut bien rouillée, on se décida à l'essayer ; on reconnut alors qu'elle n'était pas construite de manière à fonctionner sérieusement. Elle avait dévoré une somme énorme, absurde. La chose en resta là. Le souverain perdit son argent, l'inventeur son temps, le peuple l'espérance d'un grand bien. »

L'Académie des sciences tient, comme on le pense bien, une place importante dans la polémique de M. Meunier. Il la relève du péché de paresse. Si elle possède dans son sein un grand nombre de savants éminents, elle n'exerce, comme corps, aucune influence sur le travail scientifique de la nation. Aussi les chercheurs, les inventeurs, désapprennent la route du palais Mazarin. « Avez-vous vu qu'on ait informé l'Académie de la création des moteurs à gaz par exemple, ou d'aucun des perfectionnements apportés aux anciens moteurs, qu'on l'ait entretenue de ces admirables machines-outils qui ont porté si haut la puissance de l'atelier industriel, qu'on lui ait parlé de tant d'innovations réalisées dans nos moyens de transport, dans l'architecture navale, dans la télégraphie ? Lui a-t-on demandé son avis sur l'application de l'air comprimé au percement des tunnels et sur l'emploi de la vapeur en agriculture ? L'a-t-on avertie de l'invention des moissonneuses ? Sait-elle que la machine à coudre existe ? » Ici, comme d'ordinaire, il y a du vrai et du faux dans les reproches que M. Meunier fait à l'Académie. Qu'un grand mouvement se produise sans elle, que l'industrie des chemins de fer par exemple, remuant d'énormes capitaux, suscite des découvertes qui ne vont pas se faire consacrer au palais Mazarin, que des inventions naissent et grandissent toutes seules, sans appui officiel, il n'y a qu'à s'en louer, et il n'est point d'ailleurs exact de dire que l'Académie reste complètement étrangère à ce mouvement ; mais quand M. Meunier aiguillonne les secrétaires perpétuels qui devraient donner de l'intérêt aux séances de l'Académie, quand il évoque l'ombre d'Arago pour les rappeler à leurs

devoirs, sa critique porte juste et sa voix prend une véritable autorité. Arago était le modèle du secrétaire perpétuel. « Arrivé longtemps avant la séance publique, il lisait attentivement, il annotait
toutes les pièces de la correspondance. Quand, à trois heures, il
prenait place au bureau, son thème était fait, sa leçon était apprise,
car c'était un enseignement véritable, et souvent de l'ordre le plus
élevé. Méthodiquement classées et groupées de manière à former
une suite, un ensemble, soit qu'elles se complétassent réciproque-
ment, soit qu'elles se fissent opposition l'une à l'autre, les pièces de
la correspondance devenaient tour à tour l'objet d'explications plus
ou moins étendues, toujours lumineuses. »

Les morts servent ainsi souvent à M. Meunier pour flageller les
vivants. Il fait revivre la figure de Biot, qui refusa toute sa vie d'occuper des fonctions publiques, et il le cite en exemple aux savants
qui couronnent leur carrière en acceptant des dignités adminis-
tratives ou politiques. — Est-ce que Biot, dit M. Meunier, n'aurait
pas perdu, pour sa gloire et pour la science, tout le temps qu'il
eût donné à des fonctions publiques ? Tel grand chimiste joue un
rôle administratif, qui gaspille ainsi son talent loin des travaux de
sa profession : on se souviendra du chimiste ; qui se rappellera
l'homme politique ? — Ici, comme on le voit, nous ne sommes plus
sur les terres de l'utopie, où la chimie et la politique ne font qu'un,
où la science gouverne et administre. Dans le monde pratique que
M. Meunier considère, la science et le gouvernement diffèrent du
tout au tout. Ce que M. Meunier veut défendre avant toute chose,
c'est l'indépendance de la théorie scientifique, c'est l'esprit de libre
recherche. Dès que les savants prennent place dans la hiérarchie
politique, l'auteur les voit préoccupés exclusivement d'étouffer les
témérités de la libre investigation ; ils ne regardent plus les problèmes sous leur vrai jour, ils ne songent plus qu'à sauvegarder
l'ordre établi. Leurs doctrines deviennent des moyens d'autorité.
Ils se font les « doctrinaires de la science. » C'est sur Cuvier que
M. Meunier venge la libre recherche, sans se priver d'ailleurs d'in-
terpeller directement ceux qui suivent l'exemple de Cuvier. Cuvier
a excellé dans l'art de parvenir et dans la science de conduire ha-
bilement sa vie. Devenu maître du domaine scientifique, où il ne
tolère aucune indépendance, il fait de son autorité un instrument
de l'omnipotence impériale. Cuvier ne croit pas à la génération

spontanée et ne permet pas qu'on y croie, « parce que l'empereur ne le veut pas. »

Ce qui indigne surtout M. Meunier, c'est l'espèce de féodalité qu'il découvre dans le monde de la science. À son avis, chaque savant officiel tient en fief une spécialité des connaissances humaines, y dispose de tous les instruments de travail et y exploite à son profit ou au profit des siens tous les moyens de progrès. Ce tableau est manifestement noirci, et personne n'admettra qu'il corresponde exactement à l'état de choses actuel. Il faudrait sans doute remonter d'un demi-siècle dans l'histoire des sciences pour trouver une époque à laquelle il s'applique dans toute sa rigueur. C'est du moins à des années déjà lointaines que se rapporte une anecdote que M. Meunier a recueillie dans l'éloge de Duméril prononcé à la fin de 1863 par M. Flourens. M. de Candolle avait besoin du titre de docteur pour être nommé professeur de botanique dans une faculté. Grâce à l'amitié de Duméril, il fut admis sans trop de rigueur à l'examen. Plein de reconnaissance, il court chez son protecteur ; mais il trouve celui-ci grave et compassé, qui lui déclare que tout n'est pas fini, et qu'il faut maintenant passer devant un nouveau jury. Les portes s'ouvrent alors ; le nouveau docteur voit avec étonnement Cuvier et d'autres graves académiciens, revêtus des insignes réglementaires, s'approcher de lui, l'affubler d'un grand chapeau garni de lampions et lui faire subir la cérémonie du *Malade imaginaire*, sans épargner ni les *bene*, ni les *juro*, ni les *dignus est intrare*. M. Meunier, que ne séduisent pas les gaîtés académiques, prend cette mascarade par le côté moral. Il s'étonne, et il n'a sans doute pas tort, que ni Duméril, qui a imaginé cette plaisanterie, ni Cuvier, qui l'a exécutée, ni le secrétaire perpétuel, qui la raconte comme un trait de bon goût, n'aient remarqué qu'elle couvrait un acte de favoritisme.

Si M. Meunier est ardent dans ses attaques contre les savants officiels, il ne montre pas moins de passion dans le choix de ses doctrines. Il est le championné de toutes les théories qui déplaisent aux grands feudataires de la science. Il défend la cause des générations spontanées avec une énergie qui se traduit par de regrettables violences de langage contre M. Pasteur. Nous avons à peine besoin de dire qu'une pente naturelle le porte à tirer du livre de M. Darwin les conséquences les plus désagréables pour les partisans de la fixité des espèces. Les différentes découvertes qui tendent à prouver l'existence antédiluvienne de l'homme n'ont pas de défenseur plus convaincu que lui. Il venge M. Boucher de Perthes de la longue indifférence du monde savant. On s'est tu pendant vingt ans sur les découvertes de M. Boucher de Perthes, et on ne se hasarde maintenant à en admettre la réalité que par suite d'une manœuvre qui assure les derrières des « doctrinaires de la science. » Obligés de reconnaître que l'homme a été contemporain des grands quadrupèdes éteints, de l'éléphant primitif, de l'ours et du lion des cavernes, ils prétendent aujourd'hui que ces animaux ne sont pas fossiles et qu'ils ont perdu la vie dans le déluge de la Genèse.

Quand M. Meunier a devant lui des adversaires dont le caractère lui est antipathique, il prend un ton acerbe qui non-seulement gâte son style, mais qui ôte même à sa polémique toute justesse. Il faut, pour le goûter, suivre les discussions qu'il soutient sans animosité ; il est très suffisamment vif quand il est de sang-froid. Nous pouvons citer en ce genre sa querelle avec M. Hœfer au sujet des habitations lacustres. On sait que, depuis une dizaine d'années, des habitations bâties sur pilotis ont été retrouvées au fond de plusieurs lacs de la Suisse, et que la plupart des savants qui les ont examinées se sont accordés à y reconnaître la trace de races humaines disparues avant les temps historiques. M. Hœfer eut l'idée d'attribuer ces demeures à des castors qui auraient été, à une époque reculée, les possesseurs de la contrée. M. Meunier lui montre que jamais castors n'ont pu fendre des troncs de chêne, de hêtre, de bouleau et de sapin, ni employer le feu et la hache pour façonner en pointe des extrémités de pieux. On trouve, il est vrai, dans les habitations lacustres, des os de castors ; mais on y trouve aussi des os de gros mammifères. Les castors, auraient donc mangé des bœufs et des chevaux ? Mais mille objets trahissent la présence de l'homme dans ces restes anté-historiques, des couteaux, des scies, des poinçons, des bracelets, des amulettes, des poteries travaillées à la main, des cordes fabriquées avec l'écorce des arbres. M. Meunier presse vivement son adversaire et ne le quitte enfin que quand il espère lui avoir fait regretter de s'être trop légèrement *encastoriné*.

De tout ce qui précède, on pourra conclure que M. Meunier occupe dans la critique scientifique une place utile, et que, s'il s'attaque souvent à des torts imaginaires, il lui arrive parfois de signaler des abus réels. Son exaltation mystique et son tempérament batailleur l'entraînent malheureusement à des excès d'imagination ou de polémique que son talent ne suffit pas à excuser. On aurait une étrange idée du mouvement des sciences et du monde des savants, si on ne s'en rapportait sur ce sujet qu'à M. Meunier.

Avec l'*Annuaire* de M. Dehérain, nous revenons sur un terrain plus ferme. Nous avons gardé ce livre pour le dernier, parce que c'est celui qui nous paraît le mieux combiné et dont le plan nous semble conçu dans les meilleures conditions. Et d'abord M. Dehérain ne fait pas tout seul son annuaire ; il a raison. La collaboration de plusieurs personnes nous paraît indispensable pour un ouvrage de cette nature. Qui peut se vanter d'être assez encyclopédique pour parler pertinemment de choses tout à fait diverses, pour avoir à la fois une opinion raisonnée sur tous les problèmes de la physique, de la chimie, de la physiologie, de la mécanique appliquée, de l'agriculture ? Nous nous défions de ce savoir d'occasion que les vulgarisateurs déploient sur des questions qui ne leur sont point familières. Ils ont lu avec soin, nous le voulons bien, les derniers mémoires qui ont paru sur la matière qui les occupe ; mais ils n'ont pas tout compris, ils n'ont fait qu'entrevoir quelques côtés du sujet. Comment en donneraient-ils une idée exacte au public ? Les plus étourdis, ceux qui ne doutent de rien, tranchent les questions et commettent de lourdes bévues. Les plus consciencieux, sentant bien qu'ils n'ont qu'une notion imparfaite des travaux originaux dont ils veulent rendre compte, s'avancent prudemment, évitent avec soin les explications trop nettes, se réfèrent dans des termes vagues à des précédents que leurs lecteurs ignorent comme eux-mêmes, et s'esquivent dans un épais brouillard. La première condition pour parler des sciences au public est d'en savoir beaucoup plus long qu'on ne veut en dire. Sans vouloir parquer chacun dans une spécialité trop restreinte, nous aimerions que chacun ne traitât que de cette partie de la science à laquelle sa vie est plus particulièrement consacrée. Il faudrait donc, pour faire l'annuaire que nous désirerions voir paraître, réunir par exemple un physicien connaissant les mathématiques et la chimie, un physiologiste instruit dans toutes les sciences naturelles, un ingénieur qui se tiendrait au courant des grands travaux ; ce serait le moins qu'on dût faire. Nous ne mentionnons pas les autres auxiliaires auxquels on pourrait recourir, un astronome, un médecin, un géologue, un agriculteur, etc. Les rédacteurs se concerteraient entre eux pour coordonner leur œuvre, en fixer l'esprit et les lignes principales, éviter les doubles emplois et établir les points de jonction. Rien ne les empêcherait de faire sortir des idées générales de l'ensemble de leurs travaux ; leurs généralisations inspireraient d'autant plus de confiance et présenteraient d'autant plus d'intérêt qu'elles émaneraient d'hommes dont les vues sur chaque question particulière seraient plus sûres. Il serait naturel d'ailleurs qu'un de ces collaborateurs fût chargé de la direction de l'œuvre commune et remplît les fonctions de rédacteur en chef. Voilà un plan qui paraîtra sans doute bien solennel. Il est en tout cas fort éloigné de la pratique actuelle. L'*Annuaire* de M. Dehérain semble au premier abord répondre à notre désir, mais il n'y satisfait que fort incomplètement. M. Dehérain n'est pas seulement le rédacteur en chef de son *Annuaire*, il en est presque le rédacteur unique ; la collaboration de ses auxiliaires est plutôt apparente que réelle. Il emprunte à ses amis quelques pages, publiées déjà pour la plupart dans d'autres recueils, quelques-unes intéressantes, la plupart vides ou confuses. Ces travaux juxtaposés précipitamment forment un volume, mais non point un livre. Nous n'y trouvons pas les véritables avantages de la collaboration, quoique nous y rencontrions avec plaisir quelques sujets traités sérieusement par des hommes compétents.

M. Dehérain ne se préoccupe pas d'enregistrer dans son *Annuaire* tous les faits, grands et petits, qui peuvent former le bagage scientifique de l'année 1864. Il ne prend qu'un nombre restreint de questions et il les traite avec développement. C'est évidemment, en principe, la meilleure méthode à suivre que de présenter les sujets dans leur ensemble au lieu de les hacher en menus morceaux. Nul doute qu'il ne faille choisir ce procédé dans la rédaction d'un annuaire ; mais il offre dans l'exécution un genre particulier de difficultés. Chaque année agite plus ou moins tous les sujets ; il faut que le rédacteur n'en prenne que quelques-uns. Il faut donc qu'il néglige beaucoup de faits, même importants, des travaux, des controverses qui ont éveillé l'attention publique. Il faut du moins qu'il répartisse cette provision entre plusieurs années, car, à moins de se répéter sans cesse, ce n'est qu'au bout de trois ou quatre ans qu'il peut s'occuper de nouveau d'un sujet qu'il a déjà touché. Chaque annuaire particulier présente ainsi des lacunes ; il ne peut en être autrement. Le lecteur le sait, et pourtant il se résigne avec peine à ne pas être renseigné sur tel travail, telle théorie dont il a récemment entendu parler. Nous signalons là une difficulté qui est dans la nature des choses, et nous serions vraiment bien embarrassé s'il nous fallait donner quelques indications générales sur la meilleure manière de la résoudre. C'est au rédacteur de l'annuaire à faire un choix judicieux entre les matériaux dont il peut disposer, tout en conservant autant que possible les bénéfices de l'*actualité*.

Pour juger en toute connaissance de cause de la manière dont M. Dehérain a résolu ce problème, il faudrait rapprocher son livre de ceux qu'il a publiés les années précédentes ; mais il nous suffit d'avoir indiqué que son procédé général nous paraît bon. L'astronomie n'est représentée dans le volume de cette année que par un article de M. Guillemin sur l'histoire des nébuleuses. Bien que l'astronomie soit une science qui ne chôme jamais et qu'elle ait dans les deux hémisphères des lunettes incessamment braquées vers le ciel, nous nous résignons facilement à attendre un nouvel annuaire pour être renseigné sur les trois comètes et les trois planètes nouvelles qu'a vues l'année 1864. Les planètes qu'on découvre maintenant n'offrent plus qu'un médiocre intérêt. « Les planètes ! il en pleut depuis qu'on les paie ! » disait Auguste Comte, faisant ainsi allusion à la découverte d'un astre de gros calibre qui, trouvé à propos, avait fait rapidement la fortune scientifique d'un savant. — M. Dehérain consacre à la querelle des générations spontanées un article sage, éclectique, dont les conclusions sont incontestables : la question n'est pas près d'être résolue, si, comme le veulent de part et d'autre quelques esprits passionnés, le problème à trancher est celui de l'origine de la vie sur la terre ; mais cette discussion nous a déjà donné et nous donnera encore une foule de connaissances nouvelles sur la vie des êtres inférieurs, ce sera le résultat le plus certain. — Les leçons de M. Claude Bernard sur les poisons végétaux sont analysées dans leur ensemble. — L'histoire des voyages entrepris pour la découverte des sources du Nil est résumée dans un article intéressant. — Nous nous arrêterons de préférence à un travail de M. Dehérain sur la chaleur solaire et à un article de M. Reitop sur les systèmes de montagnes. Les cadres en sont heureusement tracés, et les auteurs y font entrer sans confusion un grand nombre de notions utiles et de faits nouveaux.

Tous les phénomènes de mouvement et de vie qui se produisent à la surface de notre planète peuvent être rapportés à la chaleur solaire : elle est l'origine des vents, des grands courants réguliers qui s'établissent dans notre atmosphère, comme des courants accidentels qui viennent la troubler. C'est la chaleur solaire qui pompe l'eau des mers, la charrie à l'état de vapeur dans les régions atmosphériques, la distribue en pluies, la condense sur les montagnes en neiges ou en glaciers, puis la résout en rivière, et en fleuves. C'est aux dépens de la chaleur solaire que se produit toute la vie végétale, s'il est vrai que les végétaux vivent en décomposant l'acide carbonique, car cette décomposition demande de la chaleur que le soleil seul peut fournir. Cette action du soleil se trouve dès lors comme emmagasinée dans le végétal. Nous la retrouvons quand nous employons celui-ci soit comme combustible, soit comme aliment. Toute nutrition provient d'ailleurs, en fin de compte, d'éléments végétaux ; c'est donc à la chaleur solaire que se rapporte ainsi l'entretien de la vie animale. C'est elle qui, par l'alimentation et la respiration, fournit à nos muscles la chaleur qu'ils transforment en mouvement et en travail. Cette esquisse générale se prête aux développements les plus variés. M. Dehérain y introduit facilement la théorie des vents alizés, celle des grands courants d'ouest qui nous viennent de l'Atlantique, les récents travaux de M. Tyndall sur le pouvoir absorbant et émissif de la vapeur d'eau, les explications nouvellement données sur le rôle des montagnes et des glaciers, toute la théorie de l'équivalence de la chaleur et du travail mécanique. M. Dehérain termine son travail par l'exposé des idées de Mayer sur l'origine même de la chaleur solaire. Comment se conserve ou se renouvelle cette chaleur dont l'influence entretient la vie sur la terre ? Le soleil ne se refroidira-t-il pas ? Il se refroidirait vite, en quatre ou cinq mille ans tout au plus, si la chaleur n'était sans cesse régénérée. Dans les idées de Mayer, les pertes que le soleil subit sans cesse par rayonnement sont compensées par la chute des corps célestes qui viennent se précipiter sur la surface de l'astre. Les aérolithes communiquent au soleil, sous forme de chaleur, l'énorme quantité de mouvement qu'ils possédaient dans leur gravitation à travers l'espace. Nous l'avons dit, toute cette masse de faits est bien groupée et nettement présentée par M. Dehérain.

D'ordinaire son ton est sérieux, son langage précis ; mais pourquoi de temps en temps, au moment où l'on s'y attend le moins, se jette-t-il dans le dithyrambe ? Pourquoi ce lyrisme intermittent ? Pourquoi par exemple, quand il nous a rassurés sur la question du refroidissement solaire, s'écrie-t-il que « le carquois d'Apollon est inépuisable ? »

M. Reitop retrace en quelques pages très substantielles la théorie de la déformation de l'écorce terrestre et des soulèvements des montagnes. Il résume les grands travaux que M. Élie de Beaumont poursuit à ce sujet depuis longues années. Il explique comment les couches géologiques, dont l'ancienneté relative est connue, donnent des indications sur l'âge des montagnes. Une montagne a-t-elle soulevé un terrain, c'est qu'elle est plus jeune que lui. Si une couche vient s'étendre horizontalement à ses pieds, la montagne est plus vieille que la couche. On sait ainsi, par exemple, que les Pyrénées sont plus anciennes que les Alpes, car les mêmes couches tertiaires qu'on trouve soulevées au sommet des Alpes viennent s'étendre horizontalement au pied des Pyrénées. Les chaînes de montagnes se sont d'ailleurs soulevées suivant des directions rectilignes, ainsi que le montrent les Pyrénées, le Caucase, les Andes, l'axe volcanique de la Méditerranée, et alors même qu'elles présentent, comme les Alpes, plusieurs soulèvements successifs, leurs lignes enchevêtrées peuvent toujours être ramenées à quelques directions principales. Ces directions se coupent sous des angles liés entre eux par des rapports simples,[1] et cette loi, facile à contrôler dans l'étendue d'une même région, se vérifie sur toute la surface du globe, si on compare entre eux les arcs de grand cercle qui correspondent sur la sphère à la direction des chaînes de montagnes. L'ensemble de ces arcs, patiemment étudié par M. Élie de Beaumont et ramené à ses éléments essentiels, forme sur la sphère un réseau pentagonal dont les mailles régulières représentent les principaux accidents qui ont successivement déformé l'écorce terrestre. On peut jusqu'à un certain point se figurer cette écorce comme une coquille d'œuf légèrement concassée sur toute sa surface. Le

---

1 Cela est vrai non-seulement des montagnes, mais aussi des fentes souterraines qui ont produit les filons. À la surface même de la terre, les cours des rivières, les contours des rivages, se prêtent à cette décomposition en lignes droites. Les cartes exactes que l'on dresse maintenant présentent des arêtes anguleuses au lieu de ces formes arrondies qu'aimaient les anciens géographes.

long des ligues de fracture, les montagnes se sont soulevées. Ces lignes, alors même qu'on n'y trouve pas de montagnes, jalonnent quelquefois des accidents entre lesquels on n'avait jusqu'ici soupçonné aucune relation. Le parallélisme des chaînes de montagnes et des autres accidents remarquables, la situation relative qu'ils occupent sur le réseau pentagonal, donnent, pour en fixer la chronologie, des indications qui se combinent avec celles qu'on sait tirer de l'étude des terrains géologiques. M. Reitop, tout en présentant avec beaucoup de netteté ces faits intéressants et en développant l'hypothèse qui sert à les expliquer, les accompagne des réserves qu'il y a lieu de faire au sujet de travaux encore controversés ; tout ce morceau peut être cité comme un modèle d'exposition élémentaire.

Nous en resterons sur cet éloge ; aussi bien n'avons-nous pas ménagé les critiques dans l'examen des récentes tentatives de vulgarisation de la science. Ces critiques d'ailleurs, nous n'hésitons guère à le dire, ne sont point spécialement applicables aux annuaires que nous avons pris pour exemples, il serait facile de les étendre à la plupart des livres analogues. Ainsi généralisées, elles embrassent de droit presque toute cette partie de la presse quotidienne qui se rapporte aux sciences, puisque, ainsi que nous l'avons déjà indiqué, les annuaires ne sont guère composés que de feuilletons que les auteurs n'ont pas toujours pris la peine de revoir. Si nous nous sommes montré sévère envers ces vulgarisateurs superficiels de la pensée scientifique, c'est qu'il nous a paru vraiment opportun de leur dire que le public attend d'eux autre chose que ce qu'ils font. Que les articles qu'ils écrivent au jour le jour soient plus sérieux et mieux étudiés, on peut déjà le leur demander sans montrer trop d'exigence ; mais quand ils prétendent résumer dans un livre les progrès, les conquêtes scientifiques d'une année, il faut qu'ils y apportent plus de soin et plus de méthode, qu'ils ne parlent que de ce qu'ils savent complètement, qu'ils se réunissent au besoin en nombre suffisant pour traiter pertinemment toutes les questions, qu'ils choisissent et contrôlent les faits à placer dans leur annuaire, qu'ils en composent un tableau où les lois de la perspective soient respectées, où l'attention soit naturellement appelée sur les choses principales. Voilà quelques-unes des conditions qu'ils ont à remplir pour être d'utiles intermédiaires entre les savants et le public.

Un proverbe accusateur a longtemps pesé sur les faiseurs de tra-
ductions ; ils avaient mérité qu'on dît : traduire c'est trahir. Nos
vulgarisateurs ont à prendre garde qu'on ne leur applique un jour
le célèbre proverbe : il suffirait d'y changer un mot.

ISBN : 978-1984350350